本書の訳出にあたって、東京農業大学 大林宏也教授、(一財)進化生物学研究所
桝田信彌客員研究員に、ご協力ご助言を賜りました。心より感謝申し上げます。

森と樹木の秘密の生活

だれも知らない神秘の世界

オラヴィ・フイカリ 著　大出英子 訳

創元社

この本はMatti Pohjonenが FILI（フィンランド文学交流館）の協力を得てフィンランド語から英語に翻訳しました。ヘルシンキ大学図書館とフィンランド自然史博物館の司書の方々に感謝します。挿絵は、Der Wöld by E.A.Rokmakler, Leipzig & Heidelberg, 1863. Morpologie der Gewächse by W.Hofmeister, Leipzig, 1868. Verggleichende Anatomie der Vegetationsorgane der Phanerer und Farne by A.de Bary, Leipzig, 1877. Pflanzenleben by A. K.von Marilaun, Leipzig & Wien, 1900 から引用しています。19, 30, 41 ページの木版画は Gwen Raverat によるものです。3-4, 9, 11, 15, 18, 22, 24, 26-29, 36-37, 56ページのドローイングは Vivien Martineau によります。6-7, 12, 16-17, 25, 43, 52 は Matt Tweed によるものです。さらに知りたい人には Trees , Their Natural History by Peter Thomas, 2000 そして The Secret Life of Trees by Colin Tudge, 2006 を読むことをお勧めします。

もくじ

はじめに

―――――――

あなたが今手にしているこの本は、樹木の生態に関する長年の科学的研究をまとめたものだ。この本は、私たち人間が自然の本質の一部として常につながっているにもかかわらず、ごくわずかしか知らない、謎に満ちた樹木の世界を、垣間見せてくれるだろう。

　樹々は森を形成し、森は豊かな生物の多様性を持続させていくのに欠かせない栄養と安全を供給する。1本1本の樹木は、他の種類の樹木や植物、微生物、動物などと密接に関わりあいながら何百年も生きることができ、最も過酷な条件下でも生息する奇跡的な力を与えられている。樹木は多くの生物にとって食料でありながらも、強靭な戦士としてふるまい、森の中で確固とした地位を保っている。

　フィンランドに伝承する叙事詩「カレワラ」は、樹木がいかに重要な存在であるかを説いている。主人公ワイナミョイネンは不毛な世界に泳ぎだして大熊（おおぐま座）に救いを求めた。地上には少年ペレルヴォが送りこまれ、かれは樹木を植え始めるのだ。

　今日、科学者たちは、樹木生育の環境や状態を実験的に再現することができるようになり、それらの綿密な実験により、樹木の姿が徐々に明らかになってきた。樹木の多様な成長パターンの研究によって、私たちは樹木の声を聴くことができるようになり、何を好み何を嫌い、何が成長を助け、何が樹木を枯らすのかなど、樹木の生育にとって重要な事柄を学び発見することができるようになった。われわれは理解できないものを保護することはできないのである。

　植物生理学と森林生態学に関する長年にわたる研究は、樹木の謎に対するいくつかの答えを導き出してきた。この本の目的は、樹木の奇跡――その器官、存在の意味、ダイナミックな成長、生のあり方の理解を助け、そこから人間とはなにかという定義を織り出していくことにある。

樹木とは

樹木は人類のいとこ

樹木とは、丈夫な木質性の幹をもち、大きく育つようになった多年生の植物のことである。約30億年前に、初期の単細胞生物から動き回ることのできる生物へと分岐し、その中から他の単細胞生物と共生融合するものが現れた。この共生関係が連続して発生したことから、多くの原生生物が生まれ、ここから特徴的な性質をもつ3つの生物界である菌界、動物界、植物界へと分岐したという5界説が唱えられた（次ページ上図参照）。

最初の維管束植物が現れたのは4億年前のシルル紀で、大気中に大量に酸素を放出し始めた。石炭紀（約3億3000万年前頃）までに二酸化炭素濃度が低下し、呼吸を行う葉をもつ木生シダが繁茂した。次にペルム紀後期（2億6000万年前頃）からジュラ紀（1億5000万年前頃）に裸子植物のイチョウや針葉樹の大型化が起こった。そして最後に、モクレンのような広葉樹の被子植物が、約7500万年前に針葉樹にとってかわった。

樹木の大きな特徴は、二次細胞壁のリグニンの生成（木材の乾燥重量の約30%）と、すべての植物同様に、大量のセルロース（地球上で最も一般的な有機化合物）とタンニンを生成することである。

次にオークの古木の下に腰かけるときには、私たちヒトのDNAは約50%が樹木と共通であることに思いをはせてほしい。

注：現在では塩基配列の解析結果などに基づき、生物を細菌、古細菌、真核生物に分ける3ドメイン説が有力となっている（次ページ下図を参照）。

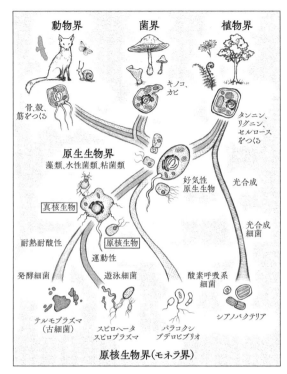

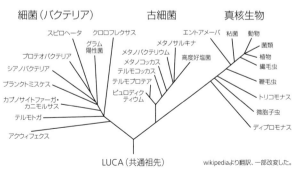

LUCA（共通祖先）　wikipediaより翻訳、一部改変した。

注：5界説は生物の分類体系のひとつで、生物全体を5つの界に分けるもの（上図）。一方、植物と動物の差よりも原核生物内部の多様性の方がはるかに大きいことがわかってきたため、「界」より上の「ドメイン」というランクを設定することが提唱された。細菌、真核生物、古細菌の3つに生物を大別する3ドメイン説が現在では生物の分類の主流になっている。

光は命の源

糖の甘い創造物

光は生命の源である。光は樹木や他の植物が光合成という生化学反応を起こすために必要なエネルギー源で、水 (H_2O) と二酸化炭素 (CO_2) を糖と酸素に変える。

植物の葉では、光の中の赤と青紫の波長エネルギーを葉緑体が吸収し、そのエネルギーを用いて、水分子から電子とプロトン (陽子) と酸素を分離する。葉緑体のチラコイド膜で電子とプロトンの伝達が行われ、アデノシン3リン酸 (ATP) とニコチンアミドアデニンジヌクレオチドリン酸 (NADPH) がつくられ、副産物として酸素が放出される。

CO_2 から取り出された炭素から、まずグルコースやフルクトースなどの分子量の小さな単糖類が生成され、さらにそれらが結合して細胞を構成する多糖類のセルロースやリグニンになるか、あるいはエネルギー源として、根、球根、種子にデンプンとして貯蔵される。これが光合成における化学反応の過程である。

夜間には、木々は日中に蓄えられたエネルギーを利用して、根から吸収した水溶性窒素と糖からアミノ酸をつくる。さらにそれをもとに、ヒトにとって有用にも有毒にもなるアルカロイドや、バニロイドやサリチル酸塩、バルサムなどのフェノール類、渋みのあるタンニンやリグニンなどのポリマー (高分子化合物) など、多様な植物性化学物質を合成する。植物からは、種子に蓄えられた糖や油脂を使って、食用油や石鹸、メントール、リモネン、樟脳などのアロマオイル、没薬やゴムなどの樹脂やラテックスなどもつくることができる。

平均樹高のオーク

最大樹高のオーク

ベイマツ
(イギリス諸島最大樹高の木)

ジャイアントセコイア
(セコイアオスギ)

セコイア
(セコイアメスギ)

ビッグ・ベン

ヒト

生命を支える植物
食物連鎖を理解する

　深海の熱水噴出孔をエネルギー源として生息するごく限られた生物を除き、地球上の生物は、直接的あるいは間接的に太陽のエネルギーに依存して生きている。地球上の生物の食物連鎖の最下層は独立栄養生物の植物で、光合成によって太陽のエネルギーを、ブドウ糖のような蓄えることのできるエネルギー源につくり替える。食物連鎖で独立栄養生物の次に来るのは消費者（従属栄養生物）であり、生きるためのエネルギーを独立栄養生物あるいは他の従属栄養生物を捕食することによって得る。食物連鎖は（下図や次ページ左上図のような）栄養段階で説明される。細菌や菌類は分解者でもあり、動物の遺体や落ち葉、排せつ物などを消化して生きるためのエネルギーにしている。

　すべての生物は細胞内に小さな電池のような役割をするミトコンドリアをもち、呼吸により水と二酸化炭素を放出する（光合成と反対の化学反応）。ミトコンドリアではATPの合成などを行っている。ATPは細胞内で使用される化学エネルギーであり、人体では毎日体重分ほどのATPを合成し消費している。生態系における（生産者＝植物の）純生産量は、その総生産量（光合成によって生産された有機物の総量）から呼吸損失を差し引いたものである。地球上の生命を支えるのに必須の物質循環は光合成と呼吸による炭素だけでなく、水、窒素、硫黄（タンパク質および酵素の成分）、リン（DNAの成分）、および他の微量ミネラルなどがある。

太陽光　　生産者（植物）

一次消費者
（草食動物）

二次消費者
（肉食動物）

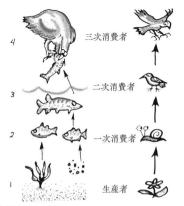

食物連鎖の4段階
生産者(植物)は光エネルギーを取り込む。一次消費者は草食性で、二次消費者に捕食される。捕食によって得られたエネルギーのわずか10%だけが次の段階に引き継がれるため、(高次になるほど個体数は減り)三次消費者の数は非常に少ない。

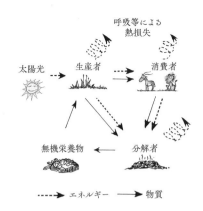

生態系におけるエネルギーと物質の流れ
分解者は養分を(食物連鎖の)一次レベルである生産者に戻す手助けをする。土壌バクテリア(土壌微生物)による土壌呼吸は、地球の炭素循環の重要な役割を担っている。

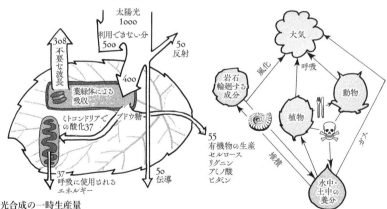

光合成の一時生産量
葉緑体は赤と青紫の波長光を吸収してブドウ糖を生成し、ミトコンドリアはそのブドウ糖を燃やして呼吸を行う。植物が受け取る太陽光のエネルギーを1000とした場合、一次生産量は呼吸に使われた分とセルロースなどの有機物の生産量をあわせて92(呼吸37+有機物55)になる。

生物地球化学的循環
40の主要な元素が生態系を循環する。岩石や土壌に含まれる成分は、風化や堆積、植物への摂取や動物のなめとりなどによって生態系に取り込まれる。

樹木の種類の数は?

高く、遠く、星を目指せ

　もしかしたらあなたには、樹木がみな似たような姿の「木」にしか見えず、1つか2つの分類の科しかないと思っているかもしれないが、そうではない。次ページの図は、植物の種類全体を目（もく）を中心に進化の道筋と類縁関係を表した系統樹で、小さな黒点はそれぞれの目に属する木性植物の科の数を表している。図を見てわかるように、類縁関係の近遠に関係なく、木性という共通特性をもつ科は全体に分布しており、この図から、系統のちがう生物が、環境などの影響で似たような形態になる収斂進化（しゅうれんしんか）が見える。

　科学者により現在、30万種の被子植物の5分の1、約6000種が木本であると推定されている。古代の地球で繁茂していた原始の植物の系統として、約800種の木生シダが現存するが、残念ながら、古生代の高さ約30mのロボクは絶滅した。裸子植物では、ヤシのような姿のソテツが130種ほど、イチョウ目はイチョウ（Ginkgo biloba）ただ1種、針葉樹は630種が残るだけである。

　針葉樹には、高さ約115mにも成長する、地球上で最も高さのある植物セコイアが含まれる。セコイアの仲間はかつて世界中に繁茂していたが、現在はほとんどが消滅して2種のみが残る。ポプラやカバノキ、その他の落葉樹は、約1万年前の最後の氷河期の後に北方域に生息地を広げた。

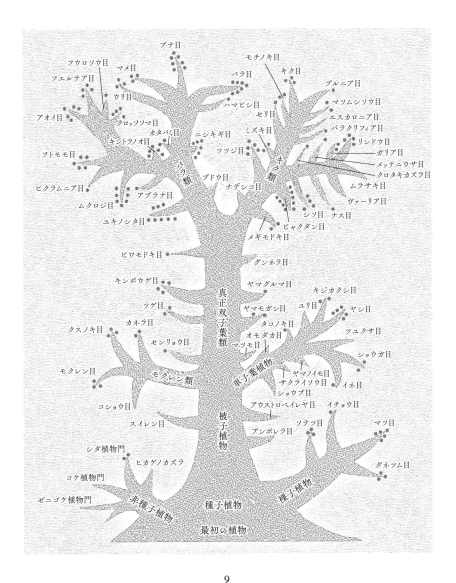

ブナ目
フウロソウ目　マメ目
フエルテア目
　　　ウリ目
アオイ目
　　クロッソマ目
キントラオ目
　　　　カタバミ目
フトモモ目
　　　　　　ブドウ目
ピクラムニア目
　　　アブラナ目
ムクロジ目
ユキノシタ目

モチノキ目　　キク目
　　　　　　　　ブルニア目
バラ目
　　　　　　マツムシソウ目
ハマビシ目　エスカロニア目
　　セリ目　パラクリフィア目
ミズキ目　　リンドウ目
ツツジ目　　カリア目
　　　　　　メッテニウサ目
ニシキギ目　クロタキカズラ目
　　　　　　ムラサキ目
ナデシコ目　ヴァーリア目
　　　シソ目　ナス目
ビャクダン目
メギモドキ目

バラ類
キク類

ビワモドキ目
キンポウゲ目
　　ツゲ目
クスノキ目
　　カネラ目
　　センリョウ目
モクレン目
コショウ目
スイレン目

真正双子葉類
被子植物

グンネラ目
ヤマグルマ目
　　　　　キジカクシ目
ヤマモガシ目　　ユリ目　　ヤシ目
　タコノキ目　　　　　ツユクサ目
オモダカ目
マツモ目　　　　　　ショウガ目
単子葉植物
　　ヤマノイモ目
　サクライソウ目
　ショウブ目　　　イネ目
アウストロベイレヤ目　イチョウ目
　　　　　　　　　　　ソテツ目
アンボレラ目　ソテツ目　　マツ目

モクレン類

シダ植物門
　ヒカゲノカズラ
コケ植物門
ゼニゴケ植物門

非種子植物　　種子植物　　裸子植物

最初の植物

グネツム目

9

樹木の組織
支え合い

体内に葉緑素をもつ繊毛虫のミドリゾウリムシは、堆積物からミネラルを得るための水底と、太陽光を得るための水面とを行き来することができる。しかし、樹木など大型の陸上植物は動き回ることができず、一定の場所でミネラルと光を得なければならない。幼植物が茎頂分裂組織で細胞分裂を繰り返し大きく成長するにつれ、地上部は光に向かって上に伸びる。地下部は重力で下向きに伸び、維管束組織は木部と師部を形成して肥大成長しながら根から芽の先端まで組織をつないでいく。さらに、根、茎、葉の基本器官や、巻きひげや棘、花芽などの器官も発達させていく。

樹木の優れた特性として、基本的な組織をつくっている細胞にはどんな組織にもなれる全能性があり、葉や体の一部に破壊や欠損が生じ、水や養分が奪われても、その部分を補い成長を続けることができる。それぞれの組織の細胞に決まった役割があり、全体がまとまった一つの単位で動くほとんどの動物とちがって、体の主要な組織を失っても生存することができるので、植物は草食動物や寄生虫に体の一部を分け与えても生きることができる。植物全体が統一性のある組織構造でつながっていることにより、樹木は常に全体のどこを成長させどこを抑制するか、養分をどこにどのように分配するかを「知っている」。細胞分裂できる組織が一部残ってさえいれば、切り株から木を再生することも可能なのだ。

藻類/微生物の堆積物

初期の地上の植物群

現在の地上の植物群

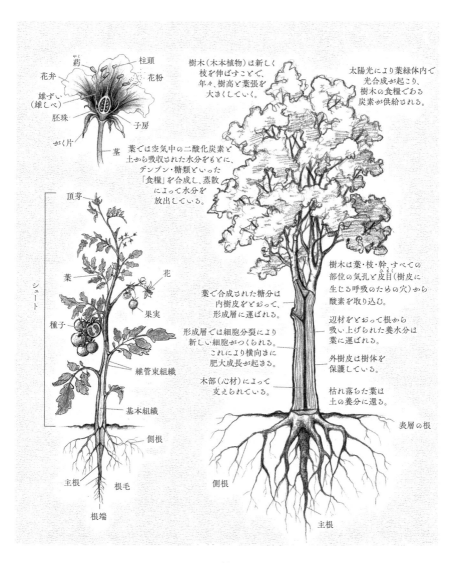

樹木の奇跡
重要な分子

　樹木は、光を化学エネルギーに変え蓄えるという奇跡を起こす。このプロセスで光合成を始めるためには、まず太陽熱で細胞を温める必要がある。次に下の段の図のような反応が起きる。

　晴れた日には、樹齢100年のブナの古木ならば約35000ℓの空気を吸収し、そこから約10000ℓ、重さにしたら18kgの二酸化炭素（CO2）を取り込み、12kgのブドウ糖と13kgの酸素を生成する。オークの木には25万枚の葉があり、晴れた日に森を歩けば、はっきりと樹木から放出された酸素を感じることができるだろう。樹木が永く大きく育つことによって生物の多様性が守られ、すべての生物にとって有益な大規模再生可能エネルギー資源になる。すべては光から始まる。

　落葉樹は、落葉してから葉を広げて再び光合成を始めるまでに、寒い冬を乗り切り、春一番に花を咲かせ、枝いっぱいに葉を展開する。それには十分なエネルギーを蓄えておく必要がある。エネルギーは種子にも蓄えられる。自然界での、光をめぐる競争は激しい。太陽の光が当たる場所をめぐっての競争は、1本の木の中にもあり、他の植物種（しょくぶつしゅ）との競争でもある。より多くの太陽光を得られれば繁栄し、得られなければ衰えてゆく。堅く丈夫な幹をもつことで大きく育ち、他の植物よりも高く樹冠を広げることができる樹木だが、それでも、受けた光の約1％しか光合成には使えず、その10％を木材に変換する。つまり樹木は、浴びた光のエネルギーの約1000分の1だけを蓄えて生きている。

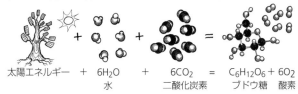

太陽エネルギー　＋　$6H_2O$　＋　$6CO_2$　＝　$C_6H_{12}O_6 + 6O_2$
　　　　　　　　　　水　　　　　二酸化炭素　　ブドウ糖　酸素

クルミの木は雌雄異花で、花が咲いたあとに熟して実と種子になる雌花序と雄花序が別々にかたまって咲く。

落葉針葉樹のカラマツは、ロシアとカナダの広大な北方林で多く見られる。

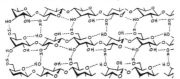

植物の成分の3分の1を占めるセルロースは、グルコース分子の何千もの結合から成る。

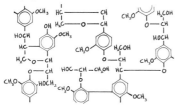

複雑な構造をもつ木質のリグニンもまた、植物の成分の3分の1を占める。

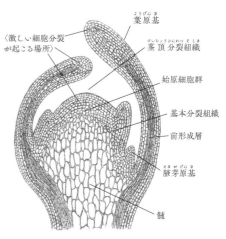

葉原基

〈激しい細胞分裂が起こる場所〉

茎頂分裂組織

始原細胞群

基本分裂組織

前形成層

腋芽原基

髄

茎頂は未分化の細胞と分裂組織から成り、植物の成長を担う部位。

葉の内部
緑の革命

樹木の葉の表面は、生存にかかわる光合成を行う細胞を保護するため、ワックス状の層と表皮細胞とで構成されている。さまざまな色素がこれらの外側の細胞を紫外線による損傷から保護している。暑い国では、日焼けを避けるために葉の角度を変える樹種もある（ユーカリの葉は真昼の太陽光から逃れるために下垂している）。光や影の日照条件により、葉の組織の厚さを変えるなど構造も変化する。

表皮の下は柔組織で、ここで多くの太陽光を受け取り、光合成の大部分がこの柔細胞にある緑色の葉緑体内で行われる。

葉緑体はミトコンドリアのように核とは異なる独自の環状のDNAをもち、二重のリン脂質膜で囲まれている。葉緑体内には光合成を行う小さな袋状のチラコイドが積み重なり、ストロマと呼ばれる液体で満たされている。葉緑体はストロミュールでつながり、ネットワークで機能していると考えられている。落葉樹の大木では葉の総表面積は350km^{2}もの驚異的な面積になり、光の中の赤と青紫の波長の約95％を吸収する。葉の最下層（葉の裏）には気孔と呼ばれる微細な孔があり、そこから光合成に必要な二酸化炭素を取り込み細胞に供給する。1 mm^{2}あたり約100から700の気孔があり、光の量に応じて開閉する。

維管束は、光合成に必要な水分を根から細胞に運び、葉で生産された糖質を葉から植物体に転流する。気孔から水を蒸散させることで、新鮮な水（および水に含まれる養分）を植物体全体にまんべんなく供給することができる。

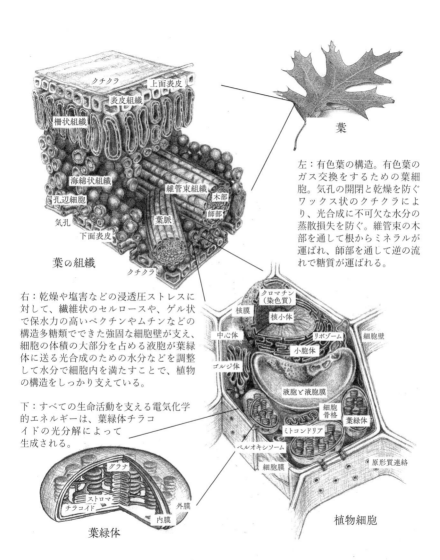

クチクラ

上面表皮

表皮組織

柵状組織

海綿状組織

維管束組織

木部

師部

孔辺細胞

葉脈

気孔

下面表皮

クチクラ

葉の組織

葉

左：有色葉の構造。有色葉の
ガス交換をするための葉細
胞。気孔の開閉と乾燥を防ぐ
ワックス状のクチクラによ
り、光合成に不可欠な水分の
蒸散損失を防ぐ。維管束の木
部を通して根からミネラルが
運ばれ、師部を通して逆の流
れで糖質が運ばれる。

右：乾燥や塩害などの浸透圧ストレスに
対して、繊維状のセルロースや、ゲル状
で保水力の高いペクチンやムチンなどの
構造多糖類でできた強固な細胞壁が支え、
細胞の体積の大部分を占める液胞が葉緑
体に送る光合成のための水分などを調整
して水分で細胞内を満たすことで、植物
の構造をしっかり支えている。

下：すべての生命活動を支える電気化学
的エネルギーは、葉緑体チラコ
イドの光分解によって
生成される。

クロマチン
（染色質）

核膜

核小体

中心体

リボゾーム

細胞壁

小胞体

ゴルジ体

液胞と液胞膜

細胞
骨格

葉緑体

ミトコンドリア

ペルオキシソーム

細胞膜

原形質連絡

グラナ

ストロマ

チラコイド

外膜

内膜

葉緑体

植物細胞

常緑か落葉か
戦うか逃げるか

熱帯のように1年を通して樹木が過ごしやすい条件が続く気候では、樹木が常緑になる傾向があり、新旧の葉の交代は少しずつ、ときには一斉に落葉して起こる。しかし、寒い冬や暑く乾燥した夏のような、成長に不利な期間がある気候では、多くの樹木が落葉し、何カ月も枝がむき出しになる。極地に近くなるにつれ、短い成長期を利用する常緑樹が再び現れるが、極寒の高山帯では落葉樹が再び優勢になる。

広葉樹でも針葉樹でもすべての木で、枝が伸びるより先に新しい葉が展開する。落葉樹と針葉樹では着葉の様子は異なり、落葉樹は毎年葉を一斉に落とすと葉が再生するまで待たなければならないのに対し、針葉樹は3〜5年生の古い葉を落とすだけでどの季節にも常に葉がある。（p. 56のマツの針葉の横断面の図を参照）。

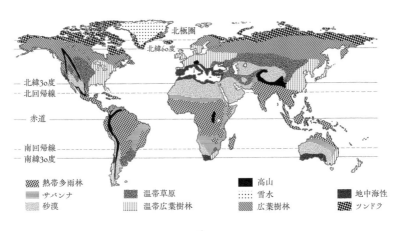

北極圏
北緯60度
北緯30度
北回帰線
赤道
南回帰線
南緯30度

- ▨ 熱帯多雨林
- ▤ サバンナ
- ▨ 砂漠
- ▨ 温帯草原
- ▥ 温帯広葉樹林
- ■ 高山
- ⋮ 雪水
- ▨ 広葉樹林
- ■ 地中海性
- ▨ ツンドラ

上左図：常緑樹。樹木は土中から窒素をアンモニウムとして吸収し、特別な酵素によって、それをグルタミンとアスパラギンに変える。冬の前に、窒素はアルギニンと呼ばれる物質に変えられ、（とくに針葉樹で）貯蔵される。

上右図：落葉樹では、窒素は芽や種子に貯蔵され、アルコール発酵する糖分も豊富に含まれる。自然発酵したセイヨウナナカマドの実を食べた鳥が酔う事例が知られている。実を食べた鳥が次のベリー「バー」を求めて移動することで、種子は広範囲に効果的に散布される。

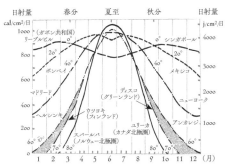

1年の各月における各緯度での1日の日射量。赤道と極地の違いを強調している。

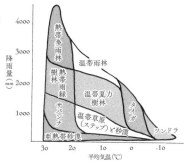

主なバイオーム（植生帯）ごとの年間降水量と気温の関係。世界の同じバイオームで、類似した生態系が見られる。

樹木の色

白黒はっきりさせる

秋の幻想的な色は、私たちに樹木が光のどの波長を吸収しているかを見せてくれる。生きている木では、葉緑体が光の赤と青紫の波長（それぞれ約700nmと450nm）を吸収して生命活動を維持する。吸収されない緑色の光（600 nm）は反射され、私たちの目に自然の美しさとして映し出される。つまり、緑の葉は、木が生きていて、赤と青紫のエネルギーを吸収していることを意味しているのである。

水枯れは木の葉を縮ませ、葉中の酵素が緑色のクロロフィル粒子を分解し始めるため、赤色光は吸収されずに反射されるようになる。赤と緑の光が混ざると黄色に見えるので、暑く乾燥した夏と初秋には、葉は黄色に見える。その後、葉の中にありながら葉緑素の緑に隠れて見えなかったカロチノイド色素の黄色やオレンジ、茶色も見えてくる。

秋にはまだ葉で多くの糖をつくっているが、夜温が低くなると葉で合成した糖の移動が抑制され、葉の中の糖濃度が高まりアントシアニンが生産される。樹木は古い葉から有用な成分をすべて抜き取り、アントシアニンは取り残されるので、秋が深まるとアントシアニンの赤と紫の鮮やかな色合いになる。その後に、葉柄の基部にコルク層（離層）ができ、それぞれの葉の吸水性細胞は、凍結すると膨張して壊れ、枝から離れ、最初の霜で広葉や針葉を地面に落とす。

ニセアカシア　モクレン　メープル（サトウカエデ）　セイヨウクワ　オーク　アメリカエノキ　セイヨウサンザシ　ベイツガ

ペカン（ヒッコリー）　セイヨウヒイラギ　シデ　セイヨウトチ　セイヨウネズ　ゲッケイジュ　アカシア　ヤナギ

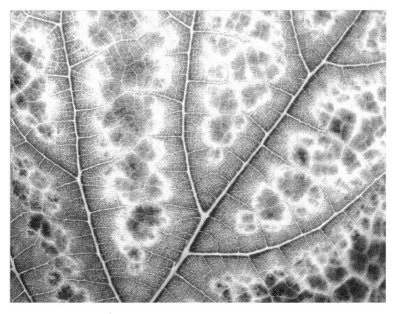

形成層
すべてが起こる場所

　木の成長は、細胞の分裂から始まる。卵細胞が受精して胚になり、さらに細胞分裂を繰り返すことで、細胞が特殊化してさまざまな組織器官や木としての形態を形成し、最終的に樹木と呼ばれるものになってゆく。

　木の分裂組織は、樹皮と木部の間の形成層や、枝や根の先端の成長点などいたるところにある。

　形成層は木を横方向に太く成長させる分裂組織である。形成層の内側（木の中心部）は木部（木材）で、植物体内の水を上へと運ぶ。形成層の外側は光合成生成物の輸送路の師部で、樹皮の一部（内樹皮）でもある。樹種によっては、春に膨大な量の水を吸収し早く成長した細胞が、別の季節に成長した細胞よりも幅が広く明るい色の木部になり、これが樹種による年輪のちがいの特徴をもたらす（ピーター・トーマスによる下図参照）。

　木の高さの成長に関与する分裂組織は、茎の頂部と、根、枝、芽の先端部にあり、「頂端分裂組織」と呼ばれる。

夏
春

オーク　　　　ニレ　　　　　　ブナ　　　ハンノキ

樹種により成長の時期や早さは異なり、オークやニレのように春に大量の水分を吸収して大きく成長する樹種は道管（管孔）が目立ち、明るい色の年輪になり、樹種による年輪のちがいになる（樹種により年輪に特徴があり、それがさらには木材のちがいや、用途のちがいになる）。

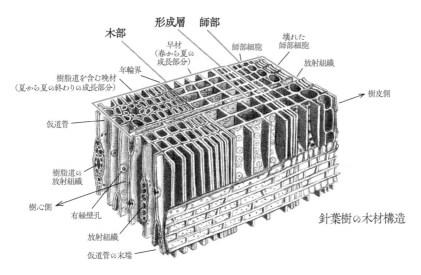

木部　**形成層**　**師部**

早材
（春から夏の
成長部分）

師部細胞

壊れた
師部細胞

年輪界

放射組織

樹脂道を含む晩材
（夏から夏の終わりの成長部分）

樹皮側

仮道管

樹脂道の
放射組織

樹心側

有縁壁孔

放射組織

仮道管の末端

針葉樹の木材構造

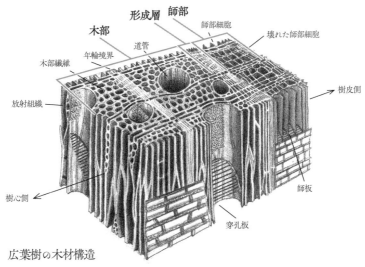

木部　**形成層**　**師部**

年輪境界

道管

師部細胞

壊れた師部細胞

木部繊維

放射組織

樹皮側

樹心側

師板

穿孔板

広葉樹の木材構造

樹皮

安全と健康

樹皮、それは外敵や外傷から木の生きている組織を保護する厚く丈夫な木の皮膚で、内樹皮あるいは師部の内側に、薄い生きた膜状の組織の形成層を形づくる。師部の生きた組織は、師部細胞が並び重なった管（師管）で構成され、管の中を樹液が低圧部位に向かって、上に、横に、下に流れる（カラマツでは時速10cm、トネリコでは時速100cm以上）。リグニンによる強く厚い壁がある木部の管組織と異なり、師管は壁が薄く、縦方向の繊維と横方向の放射組織の強力な網の中に組み込まれている。

次に、師部はその層の外側にコルク組織をつくり、外側の層である外樹皮は、毎年木が直径を広げていくにつれひび割れる。樹皮は熱を遮断し、耐乾性と耐水性の両方を備え、天候の変化に対しても強い耐性がある。また、茎からの水分の蒸発を防ぎ、その能力はワインのコルク栓に使われるほどである。ほとんどのコルク組織には、空気と水が通過できる小さな細孔がある。

樹皮はいわば樹木を守る壁と屋根である。薪を切ったことがある人なら誰でも、樹皮が傷つけば木が乾くことを知っているだろう。

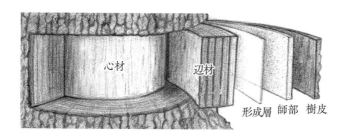

心材　辺材　形成層　師部　樹皮

樹木の幹

辺材、心材、放射組織

苗木から成長した木は、内側の木部で水や養分を運び上げ、外側の師部で糖分を輸送することで、私たちが森で目にする雄大な姿に成長する。木は、樹脂道を通って送られてくる樹液を利用して、外傷や外敵から身を守る。古くなって死んだ細胞は、木部として再利用され、太陽に向かって高く伸びていく基盤となる。

成長期になると、若い木は植物体全体を覆うように新しい組織の層を形成し（次ページ右下図参照）、太さと高さを増していく。幹がゆっくりと太さを増すと、木部に厚さ約2.5㎝の新しい明るい色の、生きた組織を含む辺材の層ができ、水と栄養分を運ぶ。さらに中心部の、古くて、強くて、色の濃い心材には、樹脂、ガム、油、タンニンなどを含む。樹木のもう一つの重要な特徴は、放射組織である。放射組織は、木の枝のように木の中心から形成層を貫いて師部に伸びる、細長い帯状の生きた組織で、余剰な養分や光合成生産物などを木の中心部に運んで蓄え、必要に応じて取り出す。

樹皮の一番外側では、コルク形成層が木の樹皮となる重要なコルク細胞をつくっている（下図参照）。

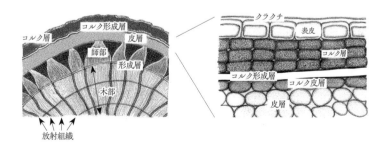

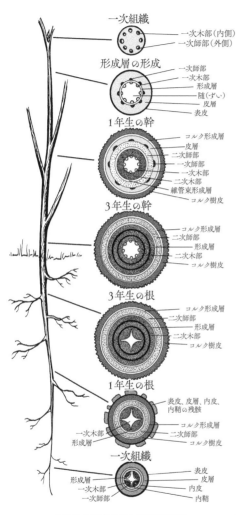

一次組織
　　　　　　　一次木部(内側)
　　　　　　　一次師部(外側)

形成層の形成
　　　　　一次師部
　　　　　一次木部
　　　　　形成層
　　　　　髄(ずい)
　　　　　皮層
　　　　　表皮

1年生の幹
　　　　　コルク形成層
　　　　　皮層
　　　　　二次師部
　　　　　一次師部
　　　　　一次木部
　　　　　二次木部
　　　　　維管束形成層
　　　　　コルク樹皮

3年生の幹
　　　　　コルク形成層
　　　　　二次師部
　　　　　形成層
　　　　　二次木部
　　　　　コルク樹皮

3年生の根
　　　　　コルク形成層
　　　　　二次師部
　　　　　形成層
　　　　　二次木部
　　　　　コルク樹皮

1年生の根
　　表皮、皮層、内皮、
　　内鞘の残骸
　　　　　コルク形成層
　一次木部
　　　　　二次師部
　形成層
　　　　　コルク樹皮

一次組織
　　　　　表皮
　形成層
　　　　　皮層
　一次木部
　　　　　内皮
　一次師部
　　　　　内鞘

3年生の樹木の根と幹の断面図
（ピーター・トーマスによる）

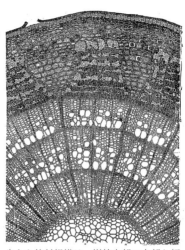

生きた放射組織は、樹幹内部の木部と師
部を結び、養分や樹脂、油などの生成物
を中心の木部に貯蔵したり取り出したり
するための輸送路の役割を担っている。

木は成長期ごとに新しい組織の層を古い組
織の層の上に形成し、その成長は年輪とし
て見ることができる。

樹木の根

ロックとアンカー

樹木の根は葉と同じくらい重要なものであり、成長に必要な養分と水分を吸収し供給する。また、光を求めて永遠の戦いを続けるための枝や葉を支えるよりどころ（アンカー）にもなっている。根は幹の近くでは幅広く伸び、風向きを認識して風に耐えるために最適な方向に強く根を張る。根は幹を中心に同心円状に伸び、最大の強さと抵抗力を発揮する。成長に必要な酸素豊かな土壌環境とミネラル分は地表近くにあるため、吸収の役割を担う根の先端部分は地表近くに伸びる傾向がある。

樹木は、根の先端部の表面積を大きくして吸収面を広げるために発達した根毛で、水に溶けた養分を吸収する。根から吸収された水により根圧が発生し、水をゆっくりと上向きに押し上げる。

多くの樹木の根は土壌中の菌類と密接な共生関係にあり、枯れた植物の分解や、岩石からのミネラルの溶出を助けている。未分解の植物成分や流水がある場所には菌類が存在し、菌類の豊かな多様性の中には、それぞれの樹木に適した生涯のパートナーとなる菌が存在する。

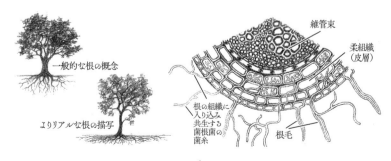

一般的な根の概念

よりリアルな根の描写

維管束

柔組織（皮層）

根の組織に入り込み共生する菌根菌の菌糸

根毛

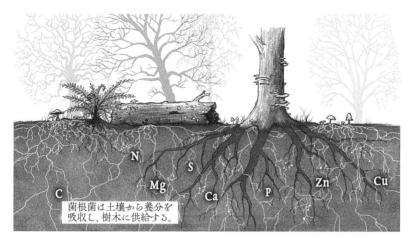

土壌菌はケラチンやセルロースなどのタンパク質や炭水化物を分解する。それらはまた、樹木と共生的な菌根関係を形成しており、樹木から得た糖分と引き換えに養分を供給する。

樹木は何を食べるのか

そしてどのように飲み込むのか

木が高く強く成長するためには、エネルギーや（糖質系の）炭水化物だけでなく、窒素や無機質の栄養素（特にリン）が必要となる。土壌からの供給が限られている場合、樹木は菌根共生によってこれらの栄養素を獲得する。特殊な菌類が木の根に感染し、これらの栄養素を供給する見返りに炭水化物を得る。これが菌根共生で、マメ科では細菌（根粒菌）と共生する。（下図参照）。

秋に落葉した古い葉は、微生物により分解されて養分になり、それが水に溶けて根から吸収され再び植物体内に取り込まれる。水と養分は、維管束の中の、前年の年輪の木部の仮道管または道管の中を上方向に運ばれる。

水の強い凝集性により水分子は毛管の中を「糸」のように結びついているので、気孔からの水分の蒸散によりこの水分子の糸の端が放出されることによって、水が引き上げられる。水はゆっくりと、樹冠の最も高い葉まで登りつめる。巨木になると、1日に約550ℓ以上の水を汲み上げる。

光合成により生成された糖分は、幹と茎の、形成層の外側つまり樹皮のすぐ内側の師管を通じて、隅々の細胞まで運ばれる。それは根の先まで下降したり、花の先まで上昇したり、果実を実らせたりと、時速約1.8mの速度で移動する。

根粒菌の胞子は
マメ科植物の
根毛から感染する。

根粒が増殖する。

根粒は根に
窒素を供給する。

球状の根粒から
胞子が放出される。

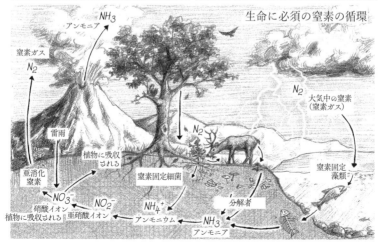

生命に必須の窒素の循環

アンモニア NH_3

窒素ガス N_2

N_2 大気中の窒素（窒素ガス）

雷雨

植物に吸収される

亜消化窒素

N_2

窒素固定細菌

窒素固定藻類

NO_3^- 硝酸イオン
植物に吸収される

NO_2^- 亜硝酸イオン

NH_4^+ アンモニウム

分解者

NH_3 アンモニア

ニュートンのリンゴ
重力

　木は、そのすべての部位で重力を感知している。地上部は太陽に向かって伸び、地下の根は光を避けて下向きに伸長する。これにはデンプンが関係し、細胞内のデンプンが重力方向に沈み細胞膜を刺激することにより反応が起きる。木の根と茎の全部位に極性があり、切りとられた木の断片の、最上部からは枝のシュート（1つの茎頂分裂組織に由来する茎と葉）が、最下部からは根が伸びる。

　幹や枝、根の太さや長さは、すべて成長ホルモンのオーキシンの影響を受けている。地中深くに十分な水や養分がない場合、根の先端は地表近くで成長し、空間に十分なスペースと光がある場合には葉は横に広がって成長する。

樹木は痛みを感じるのか?

植物通信システム

森の片隅でウサギが木の若葉をむしゃむしゃ食べると、攻撃の情報は相互に接続された根のネットワークを介して森の反対側の苗木にも伝えられ、間もなく森全体の樹木が、ウサギが嫌がる臭いの化学物質を分泌し始める。植物が「痛み」を伝え防御を始めるのには、主に植物ホルモンのジャスモン酸が使われる。

植物細胞によって生成される別の化学物質にエチレン (C_2H_4) がある。エチレンは、甘い香りの無色透明な可燃性ガスで、木の細胞間を移動する。エチレンは揮発しやすく、周辺の植物にも届く。木は強いストレスを受けたり、水が不足したりすると、より多くのエチレンを排出し、空気中のエチレン濃度が0.1ppmを超えると成長を止める。エチレンはまた、植物の冬支度の制御にも、促進にも影響をおよぼす。樹木の中には、何千年も前から人間が痛み止めとして使ってきた化学物質を含むものもある。ヤナギの樹皮には、一般的にアスピリンの名で知られる物質が含まれている。

木の葉は広葉も針葉も常に攻撃を受けている。雨や雪、氷で傷つき、風で落葉し、害虫に襲われる。しかし、その苦しみはむだではなく、落ちた葉は土壌中の細菌や菌類によって分解され、樹木の新しい葉として繰り返し再生される。

木は枯れた後、すべてがリサイクルされ、跡形もなくなる。地中の菌類やバクテリアによりミネラルやアンモニウムに分解され、それらは水に溶けて運ばれ、他の木に吸収され代謝される。

樹木は貪欲か?

資源争奪戦

　どんな生育地であろうと、樹木は繁栄するために生態的なニッチをつくりだし、生存をかけた戦いで、光、栄養素、水を獲得し、他の植物を打ち負かそうとする。例えば、トウヒ（エゾマツの変種）の森では、林床はトウヒが厚く覆い、光も雨も風も当たらないために他の動植物が育たない。そのため、地面の岩石は風化も分解も進まず、有機物も堆積しないため、土壌も乏しい。トウヒの樹冠に覆われた永遠の暗闇には、動物や植物が生息できない地下室のような雰囲気が漂っている。

　同様の資源争奪は地下でも起こっている。さまざまな樹木の根が地下ネットワークを形成し、互いに重なり合い、ときにはともに成長する。成長するのに適した場所を見つけた根は、より強く優位に成長し、劣勢の根は徐々に衰退していく。

　森の中では、異なる木々が互いに保護し支えあうことによって、林冠の上を吹く強風の影響を防いでいる。しかし、森の端ではこの相互支援システムはあまり効果的ではなく、はるかにダメージを受けやすい。木は哀れみを感じず、人間の基準では貪欲とみなされるかもしれないが、生き残りをかけての永遠の戦いでは、まちがいなく偉大な勝者である。

樹木の生活環

花の夏に種子の冬

　自然は、氷点下の気温から乾燥した灼熱の砂漠まで、極限の気象条件を生き残る能力を樹木に与えた。アラスカ、カナダ、シベリアの樹木が生息できる限界（樹木限界線）の下の極地では、地面は深さ約8mまで凍っていて、表面下の約90cmだけ融ける。対照的に乾燥したモハベ砂漠では、高さ約9m、樹齢1000年のジョシュアツリーが約12mの深さまで根を張り、他の生物にとっての小さなオアシスの役目をしている。

　生育期間が限られる寒冷地では、樹木の多くが可能な限り春早くに光合成を開始しようとするが、早すぎると遅霜などで葉の細胞が枯れる危険性がある。温帯の樹木は冬の休眠期までに春の開花と新葉の展開に必要な養分とエネルギーを蓄える必要があるため、冬の休眠の準備を進めながら、できるだけ秋遅くまで活動を続ける必要がある。さらに、木部の水分が多いと冬期に凍結膨張して組織が損傷するため、吸水を抑える必要もある。落葉樹はこのジレンマを、秋には葉の活動を停止して有害な老廃物を葉に移動させて葉を脱落させることで根からの吸水をおさえ、解決してきた。

　しかし、熱帯雨林では、多くの樹木が一年中葉を茂らせ、傷んだり古くなった葉を新しい葉に入れ替えながら、一年中花や果実、種子をつけている。

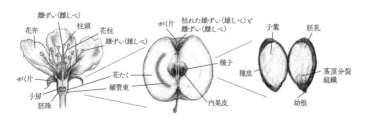

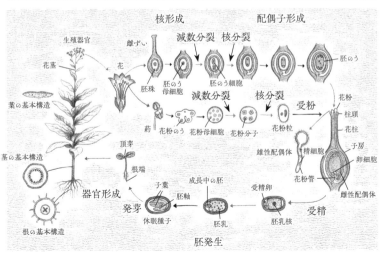

核形成　　　　配偶子形成

生殖器官

雌ずい

減数分裂　核分裂

花茎

花

胚のう

胚珠

葉の基本構造

胚のう
母細胞

胚のう細胞

減数分裂　核分裂　受粉

花粉

葯　花粉のう　花粉母細胞　花粉分子　花粉粒

柱頭

花柱

茎の基本構造

子房

雄性配偶体

精細胞

卵細胞

頂芽

根端

花粉管

雌性配偶体

子葉

成長中の胚

受精卵

胚軸

受精

器官形成

発芽

休眠種子

胚乳

胚乳核

根の基本構造

胚発生

37

樹木の再生

花粉、果物、ナッツ

樹木は十分に成熟し森の中にしっかり定着すると生殖に専念し始める。樹木の性は複雑である。

ヤナギ、ジュニパー（ネズ）、ポプラのように雌雄異株のものもあれば、セイヨウトネリコのように、毎年完全に雌雄が入れ替わるものや、特定の枝の雌雄が入れ替わるものもある。多くは雌雄同体で、1つの花に雄しべと雌しべをもつ両性花を咲かせるか、同じ木に雄花と雌花をつける。

受粉についても、樹木の巨大さや花粉量の多さ（シラカンバとセイヨウハシバミは尾状花序［細い円筒状の花の集まり］1つあたり400万粒以上の花粉がつく）が問題になる。針葉樹や高緯度地域の樹木は風媒花が多いが、熱帯の樹木は色や形、匂いなどで昆虫や鳥、コウモリなどを惹きつけ、ときには非常に特殊な方法で受粉させる。自家受粉を避けるために、雌雄の成熟期をずらしたり高さをたがえる樹木も多い。

広葉樹では花粉（下図参照）が受粉してから受精まで数日しかかからない。しかし、針葉樹では花粉が粘着性のある受粉滴に付着し、そこから受精に至る時間はまちまちで長くかかるものもある。種子の発育速度にもちがいがあり、ニレは開花からわずか9週間で種子を散布するが、マツやレッドオークの仲間では2年以上かかるものもある。果実は種子を覆い保護し、種子の散布を助ける。果肉や果皮は、外皮（外果皮）、肉質（中果皮）、内層（内果皮）の3層からなる。内果皮は硬い木質のものもあれば、多肉質でジューシーなものもある。種子は動物に食べさせる以外に、風や水によって散布されることもある。

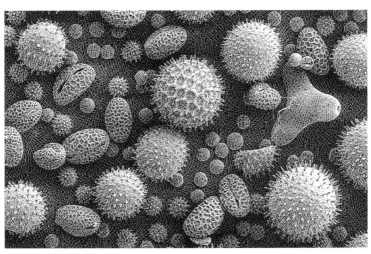

樹木は見えているのか?

小さな時間追跡のトリック

どんな過酷な寒さでも森は殺せない。冬の休眠中の木は、深い眠りに入り、死んでいるように見えても、必ず息を吹き返す。しかし、そのためには、毎年繰り返し目を覚まし、成長し、適切なタイミングで眠りにつく必要がある。では、どのようにしてその時間を計っているのだろうか?

樹木の光合成に関与する細胞には、すべてフィトクロム分子が含まれている。これらの分子は細胞のわずか100万分の1の重さにすぎないが、驚くほどの精度で光の状態を測り、細胞が正確なタイミングで活動し、反応することを可能にしている。フィトクロムは、まさに生命の奇跡の一つである。赤色 (640nm) と遠赤色 (724nm) の波長の光の質、量、方向に敏感な大きな分子のタンパク質で、1日の長さを認識し、細胞の活動プロセスを遅らせたり速めたりすることができる。

フィトクロムは植物が誕生したときから成長に影響を与え、成長をうながしたり、まちがった時期の成長を止めたりする。フィトクロムによる許可があってはじめて、植物は酵素やホルモンの分泌など、温度に依存する生化学的活動を始めることができる。しかし、フィトクロム自体は光のみに反応するため、温度に関係なく作用することができる。

植物の光受容体には、他に、青色および紫外線の波長の光に敏感なクリプトクロムやフォトトロピンなどがある。また、すべての光受容体は、植物が光源に向かって成長する光屈性に関係している。光屈性はオーキシンと呼ばれる伸長成長をうながす植物ホルモンの不均等な濃度分布により起こるもので、光を避ける性質のオーキシンが光から最も離れた側の細胞に集まりその側の成長が促進されるため、光の方向に傾く。つる植物のように負の光屈性を示し、光ではなく木のような暗く、固い物質に向かって成長する植物もある。

木は眠るのか？

働くとき、休むとき

　北国の気候では、針葉樹は7月の初め頃には成長を止める。しかし、なぜそんなに早いのだろうか？それは多くの樹木が、冬の準備と休眠の準備を始める時期を知っているからである。

　夜が長くなり光の波長が変化すると、日照時間が短くなったという情報がフィトクロムに届く。樹木はそれに応じて、次の成長に向けて、種子や果実、そして芽を出すなど、年に1度の生産のための材料を準備し始める。このプロセスには、特定の細胞機能に特化した植物ホルモンと酵素が関与しているが、それらの種類は数千種類あると植物学者は推定している。

　この重要な時期にも成長は続いているが、日照時間が短くなるため光から受け取るエネルギーも減少する（そのうちの一部は呼吸に使われ

る）。しかし、必要とされるエネルギー源の炭水化物は十分に蓄えられ、古くなった葉や針葉に残るわずかな有用成分も吸い上げて組織に蓄えていく。

　次に、樹木が冬の休眠に必要とする特別なホルモンであるアブシジン酸が分泌される（アブシジン酸の量の増加は光合成能力の低下の兆候）。夏の乾燥した時期に水が足りなくなり光合成ができなくなった場合にもアブシジン酸は分泌され、この酸により葉が黄化する。

　樹木の冬の休眠は動物の冬眠より複雑ではあるが、動物をクロロホルムやエーテルで眠らせ、ヒトに部分麻酔をかけることができるように、樹木にも休眠物質があり、植物全体を休眠させることも種子の発芽を抑制することもできる。

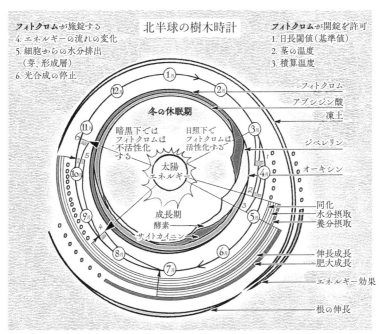

北半球の樹木時計

フィトクロムが施錠する
4. エネルギーの流れの変化
5. 細胞からの水分排出
　（芽、形成層）
6. 光合成の停止

フィトクロムが開錠を許可
1. 日長閾値（基準値）
2. 茎の温度
3. 積算温度

フィトクロム
アブシジン酸
凍土

ジベレリン

オーキシン

同化
水分摂取
養分摂取

伸長成長
肥大成長

エネルギー効果

根の伸長

冬の休眠期

暗黒下では
フィトクロムは
不活性化
する

日照下で
フィトクロムは
活性化する

太陽
エネルギー

成長期
酵素
サイトカイニン

1月　2月　3月　4月　5月　6月　7月　8月　9月　10月　11月　12月

北半球の樹木の1年時計。
1年のさまざまな月に起こる重要なプロセスとそれに関連する現象。

微気象

樹皮がはぐくむ生物相

　樹木は生き物に何千ものチャンスを与えている。木の幹はごく小さな甲虫にとっては、大きな甲虫の数十倍も数百倍もの巨大な存在である。大きな甲虫には見えない微小な生態系がそこにはあり、たくさんの他の小さな生き物が生息している。樹皮の割れ目の中では、その限られた独特な環境で藻類や菌類が共存し、さまざまな大きさの昆虫に餌を提供している。小さな甲虫の足元にはさらに細かいひび割れがあり、藻類や菌類が点々と生え、ハダニのような1mmにも満たない小さな生き物たちの生態系が存在する。この小さな生き物たちは、藻類と菌類のすき間の塵を餌にして生きている（そして多くの鳥がこれらの小さな生物を食べる）。キバチは老木や衰弱した木の内部に卵を産み、孵化した幼虫たちは内側から木を食べ、キツツキはこれらの寄生虫を順番につつきだして食べる。

　ときに、木の内側の木部が外樹皮よりも早く成長してひび割れることがある（風によって割れることもある）。トウヒなどは、樹脂を出して亀裂を埋め損傷を修復しようとするが、一方で多孔菌のような木材腐朽菌が侵入して菌糸を伸ばし、菌糸によって分解され消化されやすくなった木質は、さまざまな昆虫に食べられる。そのため、多くの木が倒伏する前にすでに食べつくされている。害虫との戦いに敗れ内側が腐っていても、耐久性の高い樹皮によって、長い間直立した状態は保たれるのだ。

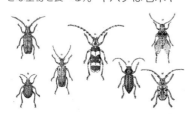

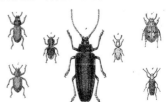

樹木は大量の生産物を作って体内に貯蔵することができるため、自然環境の激しい変化の中にあっても、その存在は比較的安定している。表面の樹皮やコケの中には多くの生物が暮らし、花や種子はまた別の生き物に貴重な栄養を提供している。カラフトライチョウやクロライチョウは栄養豊富な木の芽をついばみ、リスは種子を、ウサギやヘラジカはアスペンの樹皮を食べる（ヘラジカは夏の間は苗木の新芽や若葉を好んで食べる）。より小さな動物は大きな動物に比べて多様性に富み、数も多く、より多くの場所で生息することができる。枝を伝い幹を流れ落ちる雨水は、樹木に絶えず変化をもたらし、生き物が生息する場所をつくりだす。古くからの真理が伝えるように、水が流れる場所には生命があるのである。

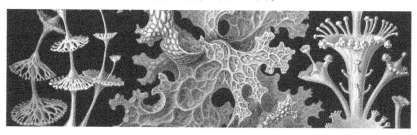

樹木と土壌

私たちが呼吸する空気

地域のバイオマス（再生可能な有機資源）が増加するにつれ、樹木はより多くの栄養素を利用するようになる。熱帯雨林では、さまざまな菌類によって落ち葉や木屑が分解されてリサイクルされているにもかかわらず、ほぼすべての養分がすぐに根から吸収されて植物に戻されるため、地面には養分がほとんど残らず非常にやせた土になる。対照的に、雪や霜が降る亜寒帯の気候では、分解が非常に遅くコケの層も土砂もほとんど分解されずに残り、森林が年を経るにつれて堆積物は厚く積っていくが、土の栄養分にはならない。ここでは、樹木が大きく古くなるにつれて土中のミネラル分は減少し、結果として古い森林ではあらゆる生物が最小化する。その中間の気候の温帯林では、栄養素のほとんどが土壌に残る。

植物は土壌をつくり、多くの樹種はその根に共生するバクテリアの助けを借りて空気中の窒素を固定して土壌に与え、まわりの樹木にも恩恵を与える。森林火災もまた、次の世代のために土壌を改善する。針葉樹林の土壌は時間の経過とともに酸性になることが多いが、森林火災で発生した灰がこれを中和する。森林火災では、焼けた植物が灰になってそのミネラル分は養分として土に戻る。

樹木はまた空気を浄化する。亜寒帯では、成長の早い森林は二酸化炭素の重要な消費者であり、取り込まれた二酸化炭素は木質バイオマスに固定される。対照的に、熱帯雨林は二酸化炭素を消費するのと同じくらいの量を発生もする。しかし、すべての樹木が私たちが呼吸するための酸素を製造している。風が吹いていない穏やかな夜に森の中を歩いていると、排出が多いので、酸素を感じることができる。樹木の葉が茂る表面積の大きな樹冠もまた、空気の浄化フィルターとしての効果を高める。うっそうとした森の中と開けた場所のほこり粒子の量を比較すると、森では十分の一程度しかない。

音楽の木

森の歌

　自然の中での木の歌声では、キツツキが仲間を探して木を叩く音が最も大きく聞こえる。人間もまた、木材からは最高の音が生み出され、楽器に適していることを知っている。良質な木材は、演奏者が望む通りの音を出し、繰り返し再現することができる。

　西洋の楽器の製造には、枝のない真っ直ぐでねじれのない木、特に木が密な安定した森で100年以上育った、均等かつ密な年輪の木が選ばれる。楽器製作者は、目的に合わせて異なる樹種の木材を選ぶ。例えば、バイオリンの表面に は響きのよいトウヒ、側面には繊細なメープルを使い、木琴には伝統的にローズウッドを使う。

　木材の細胞構造は収縮や膨張をしないので、振動が強く響き、あらゆる音を増幅させる。また、奇跡的な耐久性があり、300年以上前のストラディバリウスのバイオリンは、今でも演奏すればするほど価値が高まる。このように、絶えず変化し続ける木の歌の中で、木は洗練された楽器となり、新たな美しい音楽を生み出すかけがえのない宝物となるのである。

樹木と人間とエネルギー

学び敬う

熊手の爪から車輪の縁に至るまで、木は長い間、人間の生活を支える中心的な資源となってきた。木は私たちが知る最も永続性があり、絶えず成長し、再生可能な資源である。木は、ノコギリで挽くことも、彫ることも、釘付けすることも、接着することも、圧縮することも、加熱することもできる。セルロースなどの化合物、紙、エネルギー、食品、潤滑油、医薬品、繊維製品などに変えることもでき、その過程でエネルギーを生み出すこともできる。

林業は自己完結していて費用対効果も優れている。製材業の端材や木屑は紙をつくるための燃料や原料になる。森林資源が豊かな国では、原材料を近場で容易に入手できるため、樹木によるエネルギー生産を地域に分散させることができる。

樹木は成長期の生成物を、茎や枝、根などの細胞や樹液内に貯蔵し、樹脂や化学物質を用いて貯蔵物を害虫から守っている。木が成長するにつれて、貯蔵物のエネルギー量は増え、針葉樹の葉にはワックスなどの油が含まれているため、針葉樹1立方メートルあたりの木材に石油 220 ℓ に相当するエネルギー源が含まれている。成木の森1ヘクタールに6万ℓの石油に相当するエネルギー源が含まれることになり、これを利用して大量の電気を発生させることも可能である。つまり、森は充電されたバッテリーのようなもので、1ヘクタールあたりの森林の価値は木材としてよりもはるかに高い。

歴史を通じて、私たちは樹木をエネルギーとして利用してきた。暖を取り、食べ物を調理する薪はもちろん、今日、泥炭や石炭や天然ガスや石油として知られている化石燃料も、もとは森林の豊富なバイオマスがゆっくりと地下の層で圧縮されたものである。

樹木の命はまた、私たちに最高の成長の妙薬、木灰を与えてくれる。土壌に木灰を加えると、菌類の活動が奇跡のごとく数千倍にも増加する。木灰によりまたたくまに土壌が改善され、数十年先まで樹木の健康と成長を保証する。これを原子力エネルギーと比較すると、原子力エネルギーがいかに不完全なものであるかがわかる。原子力でエネルギーをつくると、何千年もの間、周辺環境を破壊し続ける廃棄物が目の前にうず高く積み上げられることになる。それに比べ、木はすべてをリサイクルしてくれるのである。

気候変動

注意深く、さあ始めよう

二酸化炭素は大気中の温室効果ガスで最も量が多い（二番目はメタン）。成分で多いのは窒素と酸素だが、窒素や酸素などの安定した分子は、赤外線を吸収しないので、温暖化には関係しない。一方、大気中の二酸化炭素やメタンは赤外線を吸収しやすいので、これらの温室効果ガスがわずかに増加するだけで地球の気温に大きく急速な影響を与えることになる。

気候は過去にも変化したし、未来にも変化していくであろう。実際、二酸化炭素量の増加はマイナス面だけではなく植物にとっては恩恵にもなる。最後の氷河期の終わりに北ヨーロッパが経験した4℃の気温上昇は、落葉樹が生育域を北に伸ばして繁栄し、針葉樹をゆっくりと北上させる原因になった。しかし、現在起きている地球温暖化は気候の変化が当時よりもはるかに早く、地球全体に影響をおよぼしている。それゆえに、私たちは、樹木の奇跡的な生き方への理解を深め、樹木の生と死について理解し、樹木の命を脅かすもの、そして樹木とともに私たち全員を脅かすものを防がなければならないのだ。

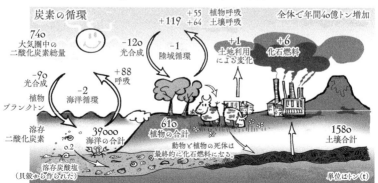

炭素の循環

740　大気圏中の二酸化炭素総量

全体で年間40億トン増加

+55　植物呼吸
+64　土壌呼吸
+119

-120　光合成
-1　陸域循環
+1　土地利用による変化
+6　化石燃料

+88　呼吸

-90　光合成
植物プランクトン

-2　海洋循環

溶存二酸化炭素

39000　海洋の合計

610　植物の合計

1580　土壌合計

0.2

溶存炭酸塩（貝殻から作られた）

動物と植物の死体は最終的に化石燃料になる。

単位はトン（t）

樹木の目の抜粋*

非種子植物
シダ植物門　木生シダ、ロボク（絶滅）

種子植物
裸子植物
ソテツ目　ソテツ、現存する最も原始的な樹種、恐竜よりも古い、ヤシのような樹形、雌雄異株。

イチョウ目　現存する2番目に原始的な樹種、この目では（イチョウ）だけが唯一現存する種。

グネツム目　グネツム

マオウ目　マオウ

マツ目
　マツ科　マツ、ヒマラヤスギ、モミ、トウヒ、カラマツ、ツガ

ナンヨウスギ目
　ナンヨウスギ科　ナンヨウスギ
　イヌマキ科　イヌマキ

ヒノキ目
　コウヤマキ科　コウヤマキ
　ヒノキ科　ヒノキ
　イチイ科　イチイ

被子植物
モクレン類
カネラ目　シキミモドキ、シナモスマ

クスノキ目　クロロカルディウム、アフリカンチェリー、クインズランド・ウォルナット、アボカド、ゲッケイジュ、シナモン、ササフラス、クスノキ

モクレン目　モクレン（春一番に咲く花の一つ）、ユリノキ、バンレイシ、ナツメグ

単子葉類
ヤシ目　ヤシ（2500種以上）

キジカクシ目　ナギイカダ、ユッカ、アガベ、ジョシュアツリー、ドラセナ、アロエ

タコノキ目　タコノキ

イネ目　パイナップル、タケ

ショウガ目　バナナ、タビビトノキ

真正双子葉類
ツゲ目　ツゲ

ヤマモガシ目　ブラシノキ、ハケア、プロテア、グレヴィレア、バンクシア、ツリーワラタ、マカダミアナッツ

ヤマグルマ目　ヤマグルマ

コア真正双子葉類
バラ上群
ユキノシタ目　フウ、モミジバフウ、マンサク、カツラ

バラ類
マメ群
ハマビシ目　クレオソートブッシュ、ユソウボク、ハマビシ

マメ目　アカシア、オーストラリアンブラックウッド、ジャイアントレウカエナ、ツルサイカチ、インディアンローズウッド、シッソノキ、アフリカンブラックウッド、チューリップウッド、ローデシアンチーク、ゼブラノス、パープルハート、ボルネオチーク、ブラジルウッド、ローズウッド、キングサリ、ハナズオウ、ネジレフサメノキ、ミモザ、アソカノキ、メスキート、エンジュ、インガ、タマリンド

ブナ目　ナラ、ブナ、クリ、カバノキ、ハンノキ、ハシバミ、シデ、モクマオウ、クルミ、ヒッコリー、ペカン、サワグルミ、ヤマモモ、シロヤマモモ

バラ目　リンゴ、ナシ、マルメロ、カリン、アプリ

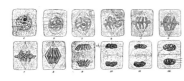

コット、モモ、プラム、ミザクラ、サンザシ、セイヨウサンザシ、オオミサンザシ、ピラカンサ、セイヨウザイフリボク、ナナカマド、アズキナシ、クロウメモドキ、セアノサス、ケンポナシ、インドナツメ、ニレ、ケヤキ、エノキ、シュガーベリー、ジャックフルーツ、パンノキ、ブレッドナッツ、イロコ、スネークウッド、クワ、イチジク、ベンガルボダイジュ、インドボダイジュ、セクロピア

マメ群かアオイ群か未確定

ニシキギ目　ニシキギ、アラビアチャノキ

キントラノオ目　ポプラ、パラゴムの木、ナンキンハゼ、キャッサバ、アブラギリ、ヒルギ、ヤナギ、アセロラ、ガルシニア、マンゴスチン、コカノキ

カタバミ目　スターフルーツ、クリスマスブッシュ

アオイ群

フトモモ目　ザクロ、フクシア、ガジュマル、テルミナリア、イディグボ、リンバ、ギンバイカ、フトモモ、チョウジ（クローブノキ）、サルスベリ、メラレウカ、オールスパイス、グアバ、ユーカリ、セイタカユーカリ

ムクロジ目　クアシアアマラ、ムクロジ、ボスウェリア（乳香の木）、ミルラ（没薬の木）、オクメ、レモン、オレンジ、ライム、グレープフルーツ、セイロンサテンウッド、マホガニー、センダン、ニーム、ヌルデ、スモークツリー、ピスタチオ、カシュー、マンゴ、レイシ、ランブータン、アキー、ブンカンカ、モクゲンジ、カエデ、トチノキ

アオイ目　シナノキ、アメリカシナノキ、ダンタ、ベニノキ、カカオ、コーラノキ、バオバブ、カポック、キワタ、バルサ、ドリアン、フタバガキ、サラノキ、ジンチョウゲ、アオイ

アブラナ目　モリンガ

キク上群

ナデシコ目　ディディエレア、サボテン

ビャクダン目　ボロボロノキ、アフリカウォルナット、サンダルウッド、ビャクダン、ヤドリギ

キク類

ミズキ目　ミズキ、ハンカチノキ、ヌマミズキ

ツツジ目　カキノキ、マメガキ、ブラックサポテ、コクタン、スターアップル、サポジラ、シアバターノキ、オオバアカテツ、クロウメモドキ、マコーレ（チェリーマホガニー）、タンバラコク（ドードーノキ）、ヤブコウジ、フランクリンツリー、ツバキ、シャクナゲ、イチゴノキ、マドロン、サガリバナ、ブラジルナッツ、パラダイスナッツ、ホウガンノキ、モンキーポット

ガリア目　トチュウ、アオキ

リンドウ目　クチナシ、コーヒー、キナノキ、オペベ、カリコフィラム、ペロバ、プルメリア、フラガエア

ムラサキ目　アカバナチャノキ

ナス目　ヨウシュシロバナチョウセンアサガオ：ナス科の植物

シソ目　セイヨウトネリコ、オリーブ、エレモフィラ、ハマジンチョウ、イボタノキ、ジャカランダ、キササゲ、ソーセージノキ、カエンボク、チーク、グメリナ

セリ目　シェフレラ

モチノキ目　セイヨウヒイラギ

キク目　ワダンノキ

マツムシソウ目　セッコウボク、ニワトコ

＊目の全体についてはP.9の図参照

ここでは主だった目（もく・し）と種のみ挙げている。これらの目には、より多くの小型の植物の数千種が含まれるが、ここでは省略した。また、主だった樹種を含まない目も省略した。

用語解説

ATP（アデノシン３リン酸）
ATPは多機能なヌクレオチドで、エネルギーの放出・貯蔵、あるいは物質の代謝・合成の重要な役目を果たす「生体のエネルギー通貨」として重要な役割を果たしている。光合成と呼吸の過程でエネルギー源として生成され、酵素分解、生合成反応、運動、細胞分裂など多くの生体活動で消費される。

アスパラギン
アスパラギンは、タンパク質を構成する20種のアミノ酸の1つ。

アブシジン酸
アブシジン酸（ABA）は、アブシシン酸やアブシジンⅡや、ドーミンとも呼ばれる植物ホルモンの一種。落葉や休眠など、多くの成長過程で作用している。

アルギニン
アルギニンはＡ-アミノ酸の一種で、L型はタンパク質を構成する20種の天然アミノ酸の1つ。

維管束
維管束とは、維管束植物の茎の中を縦に走る柱状の組織の集まりで、輸送の役割を担う。輸送は維管束組織の中の木部と師部で行われる。維管束には、その他に植物体の支えや保護の役割もある。

エチレン
エチレン（エテン）は、化学式C2H4の化合物。生物学的にはホルモンの一種であるが、工業的に非常に重要な物質である。エチレンは世界で最も生産量が多い有機化合物であり、2005年には世界のエチレン生産量は7500万トン/年を超えた。

オーキシン
植物ホルモン（植物の成長調整物質）の一種。オーキシンは植物の成長や形態形成で中心的な役割を果たしている。

気孔
気孔とは、植物の葉の表皮、特に葉の下面（裏側）の表皮にある、ガス交換に使われる小さな穴（開口部）のこと。二酸化炭素や酸素を含んだ空気は、この開口部から植物に入り、光合成や呼吸に利用される。

休眠
「休眠」とは、生物の生活環の中で、成長・発達・（動物の場合は）身体活動が一時的に休止すること。休眠中は、代謝が最小限に抑えられ、生物はエネルギーを節約することができる。休眠は、温度や日長、乾湿状態などの環境条件と密接に関係している。

凝集
凝集、凝集力とは、物質内の同種の分子間の引力が作用して分子同士を結合させることによって生じる物理的性質の一つ。

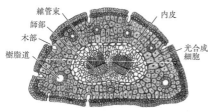

維管束
師部
木部
樹脂道
内皮
光合成細胞

マツ針葉の横断図

after Foster & Gifford

共生

異なる生物種が相互関係を持ちながら、長期的に共存すること。

極性

極性とは、ある分子のわずかにプラスに帯電した端部と、別の分子または同じ分子のマイナスの端部との間に働く分子間力のこと。

菌根菌の共生

菌根とは、1885年にアルバート・ベルンハルト・フランクによって作られた造語で、菌類と植物の根との間の共生関係のことをいう（時として宿主の植物に対して弱い病原性を持つこともある）。菌根組織では、菌は宿主植物の根の細胞内外でコロニーを形成する。

菌糸体

菌糸体とは菌糸の集合体のこと。菌糸はキノコやカビなど菌類の生長部分で、枝分かれした糸状の形をしている。菌糸からなる菌類のコロニーは、土壌やその他の生育環境に存在する。

菌類

菌類とは、真核生物で、キチン質の細胞壁をもつ従属栄養生物。菌類の大部分は、菌糸と呼ばれる多細胞の糸状体として成長するが、単細胞の菌類も存在する。キノコ・カビ、単細胞性の酵母などが代表的な生物。

グルタミン

グルタミンは、タンパク質を構成している20種類のアミノ酸の1つ。

クロロフィル

ほとんどの植物、藻類、シアノバクテリアなどに含まれる緑色の色素。クロロフィルは、電磁スペクトルの赤と青紫の部分の光を最も強く吸収し、緑の部分の光をほとんど吸収せず透過あるいは反射するため、クロロフィルを含む植物の葉などの組織は緑色に見える。

形成層

維管束形成層のことで、側方分裂組織とも呼ばれ、活発に分裂活動を行い、二次成長（肥大）の源となる細胞層。

光合成

光合成とは、生物が光エネルギーを化学エネルギーに変換すること。原料は二酸化炭素と水、エネルギー源は太陽光、最終生成物は酸素と、エネルギーの高い炭水化物（スクロース、グルコース、デンプンなど）である。このプロセスには、地球上のほぼすべての生命が直接または間接的に依存しているため、まちがいなく最も重要な生化学的経路である。

根圧

根圧は根の細胞内の浸透圧であり、樹液が植物の茎を通って葉に上昇する要因となる。

根毛

根毛は維管束植物の仮根であり、根の表皮細胞が管状に外側に伸びたもの。1つの細胞が横方向に伸びたもので、分岐することはほとんどない。

紫外線

紫外線（UV）とは、可視光線よりも波長が短く、X線よりも波長が長い電磁波のこと。「紫外線」の由来は、人間が紫に見える周波数よりも高い（外側の）周波数の電磁波で構成されていることによる。

師管

師管は、被子植物の維管束の師部にある組織で、師管細胞が縦に連なったもの。主な機能は、葉での光合成産物（炭水化物）を果実や根など植物体内組織に輸送すること。

色素

色素とは、ある波長の光を吸収したり反射することで、物体に色を与える物質のこと。

師部

光合成でできたグルコースなどの糖類は、植物の葉でさらに反応が進み、最終的にブドウ糖と果糖が結合した糖であるショ糖（スクロース）に変換される。維管束植物の師部は、そのショ糖を植物の必要な部分に運ぶ生体組織である。樹木では師部は、樹皮の最も内側の層にある。

ジャスモン酸

ジャスモン酸は、ジャスモン酸系の植物ホルモンの一種。主な機能は、植物の成長制御で、成長抑制、老化、葉の脱落などに関係する。

柔細胞

柔細胞は、木部の木質化していない組織（柔組織）を構成する薄い細胞壁の細胞。根やシュートで養分の貯蔵を担う。

樹皮

樹皮は、樹木などの木本植物の茎や根の一番外側の層で、外側を覆うように形成される。コルク、師部、維管束の3つの層からなる。

蒸散

蒸散とは、植物の地上部、とくに葉や茎、花、根などから水分が放出されること。葉の蒸散は主に気孔を通して行われ、光合成のために空気中から二酸化炭素を取り込む際の気孔開閉時にも蒸散が起こる。蒸散はまた植物を冷却する。また根からの水とミネラルの大量の上昇をうながす。

浸透

浸透とは、細胞壁や膜などの部分的に透過性のある障壁を介して、溶質濃度の低い溶液から溶質濃度の高い溶液へと、溶質濃度の勾配を上って水が拡散すること。

セルロース

植物の細胞壁を構成する主要成分。地球上

で最も多く存在する有機化合物であり、全植物体の約33%を占める。綿のセルロース含有率は90%、木材のセルロース含有率は約45%である。

道管
道管は、被子植物の木部を構成する縦につながる管状の細長い組織で、水の輸送を担う。裸子植物やシダ植物では、同じ役割を仮道管が行う。道管には、輸送システムの一部としての役割と、構造を支える役割がある。

年輪
年輪は成長輪とも呼ばれる、木の幹の水平断面で見られる同心円状の輪模様のこと。成長輪は、横方向の分裂組織である維管束形成層の成長、つまり、二次成長(肥大成長)の結果できる。輪は季節による成長速度の違いによるもので、1つの年輪は通常、木の1年の成長を表す。

胚
多細胞の二倍体真核生物において、最初の細胞分裂から誕生、孵化、または発芽までの最も初期の発達段階にあるもの。

表皮
植物を覆う外側の単層の細胞群で、とくに茎や根を含む維管束植物の葉や若い組織を指す。表皮と周皮は維管束植物の真皮組織である。表皮は、植物と外界との境界を形成し、水の損失に対する保護、ガス交換の調節、代謝化合物の分泌、とくに根において水とミネラルの栄養分の吸収など、いくつかの機能を果たしている。

フィトクロム
フィトクロムは色素タンパクであり、植物が光を感知するための光受容体だ。可視光線のうち、赤や遠赤の領域の光に反応する。多くの顕花植物はこの色素を用いて、昼夜の長さによる開花時期の調節(光周性)や概日リズムの設定を行っている。また、種子の発芽、苗の伸長、葉の大きさ・形・枚数、葉緑素の合成、双子葉植物の胚軸や胚軸の伸長なども制御している。

分解者
分解者は、生物の遺体や非生物の有機化合物を食料源とする生物で、その際に自然の分解プロセスを実行する生物である。主な分解者はバクテリア(細菌)と菌類である。

分裂組織
分裂組織とは、すべての植物に存在する未分化な細胞(分裂細胞)からなる組織で、植物の生長が可能な場所に存在する。分裂組織には茎頂分裂組織、根端分裂組織、形成層などがある。

木部
維管束植物において、木部は2種類の輸送組織のうちの1つであり、もう1種類は師部である。木部の基本的な機能は、水の輸送。

葉緑体
クロロプラストともいわれ、植物細胞や真核藻類の光合成を行う器官。葉緑体は光を吸収し、その光エネルギーを用いて、水や二酸化炭素から、エネルギーやバイオマスの原料となる糖を生成する。この糖がすべての緑色植物や、それらに直接または間接的に依存する動物の食料となる。

卵細胞
半数体の雌の生殖細胞または配偶子のこと。胚珠という言葉は、受精後に種子へと成長する配偶体と卵細胞を指す。

著者●オラヴィ・フイカリ

フィンランドのヘルシンキ大学森林学部の学部長を務めていた。樹木と林業に関する世界的な権威の一人。

訳者●大出英子（おおいで　えいこ）

東京農業大学グリーンアカデミー副校長。NHK「趣味の園芸」講師もつとめる。

森と樹木の秘密の生活 だれも知らない神秘の世界

2021年10月20日　第1版第1刷発行

著　者　オラヴィ・フイカリ
訳　者　大出英子
発行者　矢部敬一
発行所　株式会社 創元社
　　　　〈本　　社〉
　　　　〒541-0047　大阪市中央区淡路町4-3-6
　　　　TEL.06-6231-9010（代）　FAX.06-6233-3111（代）
　　　　〈東京支店〉
　　　　〒101-0051　東京都千代田区神田神保町1-2 田辺ビル
　　　　TEL.03-6811-0662（代）
　　　　https://www.sogensha.co.jp/

印刷所　図書印刷株式会社
装　丁　WOODEN BOOKS

©2021, Printed in Japan
ISBN978-4-422-21535-8 C0345

本書の感想をお寄せください
投稿フォームはこちらから